PUBLICATIONS DE LA GAZETTE DES EAUX

LES EAUX MINÉRALES

ET LES BAINS DE MER

EN ALGÉRIE

LETTRE

A Monsieur le Docteur de Pietra-Santa, Médecin en chef des Madelonnettes, médecin par quartier de la maison de l'Empereur, chevalier de la Légion d'honneur, etc.

PAR

E. L. BERTHERAND,

Ancien médecin de l'armée et des Affaires arabes,
Fondateur du service médical de l'hospice musulman d'Alger,
Ex-professeur à l'Ecole de Médecine
et à l'Ecole professionnelle de Lille, correspondant de la
Société d'hydrologie médicale de Paris,
de l'Académie des Sciences de Rouen et de l'Académie royale
medico-chirurgicale de Naples,
Secrétaire-général de la Société d'agriculture, sciences et arts
de Poligny, etc., etc.

PARIS

AU BUREAU DE LA GAZETTE DES EAUX

RUE JACOB, 30.

Avril 1860.

PUBLICATIONS DE LA GAZETTE DES EAUX

LES EAUX MINÉRALES

ET LES BAINS DE MER

EN ALGÉRIE

LETTRE

A Monsieur le Docteur de Pietra-Santa, Médecin en chef des Madelonnettes, médecin par quartier de la maison de l'Empereur, chevalier de la Légion d'honneur, etc.

PAR

E. L. BERTHERAND,

Ancien médecin de l'armée et des Affaires arabes,
Fondateur du service médical de l'hospice musulman d'Alger,
Ex-professeur à l'Ecole de Médecine
et à l'Ecole professionnelle de Lille, correspondant de la
Société d'hydrologie médicale de Paris,
de l'Académie des Sciences de Rouen et de l'Académie royale
medico-chirurgicale de Naples,
Secrétaire-général de la Société d'agriculture, sciences et arts
de Poligny, etc., etc.

PARIS

AU BUREAU DE LA GAZETTE DES EAUX

RUE JACOB, 30.

Avril 1860.

A Monsieur le Docteur de Pietra-Santa, Médecin en chef des Madelonnettes , médecin par quartier de la maison de l'Empereur, chevalier de la Légion d'honneur, etc.

Monsieur et très-honoré confrère,

Le corps médical a accueilli avec la plus vive satisfaction votre envoi officiel en Algérie pour étudier l'influence du climat sur les maladies de poitrine. M. le ministre des Colonies ne pouvait donner à ce pays, si beau et si riche d'avenir, une plus grande preuve de sa haute sollicitude ; et vos sérieux travaux d'hygiène publique, surtout vos intéressantes études sur l'action des climats chauds vous désignaient tout naturellement à son choix. Votre temps, pendant ce voyage scientifique, a été sans aucun doute largement absorbé par l'important et tout spécial sujet dont l'examen vous était confié ; cependant je me suis demandé si dans les nombreuses pérégrinations qu'il vous a obligé d'entreprendre sur bien des points des trois provinces, il ne vous aura pas été loisible de jeter un coup d'œil sur une autre question, que des liens climatologiques et thérapeutiques rattachent intimement à la première. Je veux parler des Eaux minérales et des Bains de mer de la Colonie, deux sujets trop peu étudiés jusqu'à ce jour et à l'examen desquels la population civile et l'armée sont grandement intéressées. De savantes monographies ont bien fait connaître quelques stations hydro-minérales de l'Algérie; mais elles n'ont été l'objet d'aucun travail d'ensemble, de comparaison avec nos ressources françaises, et l'on ne constate que trop leur oubli presque complet dans les traités d'Eaux minérales annuellement publiés dans l'Empire. Quant aux bains de mer, c'est une question toute neuve.

Tels sont, très-honoré confrère, les motifs qui m'ont engagé à attirer vos savantes méditations et l'attention du gouvernement sur ces deux sujets; et, j'ose le croire, leur importante valeur fera accueillir avec indulgence des documents, à coup sûr encore insuffisants et incomplets, que j'extrais de mes souvenirs et de notes récoltées en grande partie pendant un séjour de six années dans les provinces d'Alger et de Constantine.

§ Ier. **EAUX MINÉRALES.**

« L'hydrologie médicale est appelée à rendre de grands services en Algérie, écrivais-je dès 1850 [1] ; les richesses minéralogiques de son sol donnent le droit de l'affirmer. » En effet, le nombre des eaux minérales éparses dans la colonie est considérable : le dépouillement des rapports officiels publiés au *Moniteur algérien* et les monographies particulières m'ont amené [2] à constater l'existence de *quatre-vingt-dix* sources au moins. La composition chimique de la plupart d'entre elles n'a pas encore été exactement reconnue ; on le comprendra sans peine, si l'on réfléchit qu'à l'exception de celles qui avoisinent les points principaux de l'occupation française, la présence des autres n'a été signalée que dans des circonstances très-passagères, soit par des conversations avec les indigènes, soit à l'occasion des expéditions de l'armée, des tournées des officiers des bureaux arabes et des ingénieurs des mines, soit enfin lors des pérégrinations isolées de quelques touristes et savants. Dans de telles occasions, il était

[1] *Notice sur l'emploi thérapeutique des Eaux ferrugineuses de Téniet-El-had* (prov. d'Alger), 1850, p. 8.

[2] *Médecine et hygiène des Arabes*, 1855, page 165 et suivantes.

bien difficile d'acquérir d'autres renseignements que ceux de l'emplacement, de quelques propriétés physiques, de l'usage ordi-
naire, et parfois de la thermalité.

Quoique bien restreints, très-honoré confrère, de tels documents ne vous semble-
ront pas sans doute tout à fait indignes d'ê-
tre récoltés. A ceux qui n'y trouveraient
qu'une stérile énumération, nous pourrions
répondre que l'extension toujours croissante
des centres de population en Algérie fait
penser que l'attention des médecins spé-
cialement préposés à la sauvegarde de leurs
intérêts sanitaires se trouvera ainsi immédiatement ameuée sur l'existence des sources locales ou voisines et leur utilisation au
grand bénéfice des colons et des indigènes.
Il ressortirait évidemment de ces nouveaux
essais la confirmation ou la rectification des
renseignements pris antérieurement à la hâte,
grand avantage pour la science et l'huma-
nité. Et d'ailleurs, ne serait-il pas à désirer
que dans les raisons qui guident le choix de
l'emplacement de tout village nouveau, la
présence d'une source minérale entrât pour
une bonne part? Grand nombre des thermes disséminés dans les trois provinces ap-
paraissent, en effet, entourés de ruines et
de vestiges importants de constructions romaines : il faut bien y voir la preuve non-
seulement que ces eaux ont joui de quelque
célébrité méritée, mais aussi que le site

était sain. Pourquoi donc, au point de vue de la salubrité locale et de l'utilisation de ces eaux minérales, ne suivrait-on pas l'exemple d'un peuple qui a laissé sur le sol algérien tant de traces grandioses de sa profonde intelligence et de sa large expérience des choses utiles à la vie? Vous en jugerez, très-honoré confrère, par les grandes citernes de *Philippeville*, de la pointe de *Dellys*, d'*Orléansville*, de *Tlemcen*, d'*Hammam-Berda* ; par les magnifiques piscines de *Tiklat* sur la route de *Bougie* à *Sétif*; par les restes du bel aqueduc de l'*Oued-el-Hachem* qui conduisait les eaux à *Cherchell* dans de gigantesques bassins; par les vestiges de conduites romaines à *Saint-Leu*; par les ruines des bains consacrés à Diane dans le *Vieux-Cherchell;* par les thermes et les ruines de l'antique *Lambèse*, etc., etc. Il y a donc, dans la respectueuse imitation que je sollicite pour d'aussi grands exemples, une question complète d'hygiène, de thérapeutique, d'économie financière, d'acclimatement et d'exploitation industrielle.

La multiplicité des ressources hydro-minérales est véritablement à désirer comme un grand bienfait pour la colonie et l'armée, quand on songe au concours bienfaisant que leur prêteraient toutes les séductions d'un climat tempéré, d'un ciel magnifique, d'une nature pittoresque et grandiose, d'une végétation d'un luxe inouï. La température douce de l'automne permettrait en Algérie de prolonger le traitement des eaux et de compléter ainsi des guérisons à peine ébauchées en France à la fin de l'été. D'ailleurs les essais d'hibernation aux thermes du *Vernet* et d'*Amélie-les-Bains* doivent encourager à les répéter, surtout dans la région du sud où les pluies sont rares et l'hiver très-doux et tout à fait printanier.

Je voudrais maintenant aborder le classement des quatre-vingt-dix sources minérales précitées : mais ici, permettez-moi d'avouer franchement mon grand embarras. L'analyse chimique, vous le savez, ne suffit guère à expliquer par l'abondance de tel ou tel principe la valeur thérapeutique d'une source ; souvent même une eau dans laquelle on ne trouve que fort peu d'éléments minéralisateurs possède une propriété curative irréfragable et parfois plus énergique que des eaux dont la composition est bien plus riche en matériaux salins. D'autre part, dans l'action des liquides minéraux, ne néglige-t-on pas beaucoup trop l'influence de leur température ? N'est-ce pas elle cependant qui suffit dans bien des cas à assurer les propriétés remarquables de tant de bains ? Enfin si dans l'examen des qualités médicales, on se préoccupe beaucoup de la composition chimique, on oublie trop peut-être la constitution et surtout l'idiosyncrasie particulière à chaque individu. C'est pour ne

pas tenir compte de ces dispositions spécia-
les de l'organisation qui favorisent puissamment chez les uns, contrarient énergiquement chez les autres telle sécrétion élimi-
natrice par exemple, que l'on s'expose jour-
nellement à éprouver de cruels mécomptes
lors du conseil ou de l'application d'une eau
dans des cas pathologiques analogues.

Une eau minérale devrait donc toujours
être considérée comme un agrégat modifi-
cateur, un véritable médicament complexe
dans sa nature et sa modalité, et tout à la
fois comme un agent physique, hygiénique,
dynamique, chimique, mécanique et phar-
maceutique. Et, je le répète, il ne faudrait
jamais perdre de vue les conditions physio-
logiques individuelles, qui en modifieront à
coup sûr l'activité dans des sens très-divers.
Veuillez excuser, très-honoré confrère, si
j'insiste sur ces considérations; le motif en
est de la divergence des résultats que nos
collègues algériens ne manqueront pas,—
et n'ont pas manqué, — de constater dans
l'observation des effets des Eaux de la Colonie appliquées en même temps à des Européens et à des Arabes. J'ai souvent remarqué que ces liquides minéraux réussissaient
admirablement chez les uns, alors qu'ils
étaient moins énergiques et parfois complé-
tement inefficaces chez les autres. Il vous
paraîtra sans doute logique d'admettre que
la différence des éléments organiques des

deux races joue ici le rôle principal, et que celui qui n'en tiendrait pas compte dans l'étude médicale des sources algériennes risquerait fort de commettre des erreurs très-préjudiciables à la réputation des eaux et à la curation de nombreux malades. C'est ainsi, par exemple, que dans les cachexies déterminées par d'anciens accès de fièvre intermittente, les Européens supportent mieux en Algérie les eaux ferrugineuses que les indigènes, et qu'au contraire ceux-ci, dans les affections rhumatismales, guérissent plus vite et plus sûrement aux sources sulfureuses que nos compatriotes.

Considérées au point de vue des provinces sur le territoire desquelles elles sont réparties, les sources de l'Algérie, dont la nature ait été suffisamment spécifiée, sont au nombre de 36 dans celle de Constantine, 20 dans celle d'Oran et 23 dans celle d'Alger : total, 79.

Je continuerai, pour leur répartition par espèces, à suivre les errements classiques : ainsi chacune des trois provinces offre la statistique suivante :

Eaux sulfureuses :
Province de Constantine......... 17 ⎫
   —   d'Alger............... 4 ⎬ 23
   —   d'Oran .... 2 ⎭

Eaux salines :
Province d'Oran................ 16 ⎫
   —   de Constantine......... 13 ⎬ 41
   —   d'Alger .... 12 ⎭

Eaux ferrugineuses :

Province d'Alger	6	
— de Constantine.........	5	12
— d'Oran...	1	

Eaux alcalines :

Province de Constantine.........	1	
— d'Oran.................	1	3
— d'Alger ....:....	1	
Total.................		79

Les sources minérales de l'Algérie, presque toutes fréquentées par les indigènes, vous apparaîtront cependant rarement protégées par un abri, par une construction quelconque. (Quelques-unes, *Hammam-Meskoutine*, *Hammam-Rira*, etc, ont éveillé la sollicitude de l'administration qui les a dotées d'habitations convenables). Le plus ordinairement, une *Koubba*, sépulture de marabout, élève tout à côté de la source ses murailles d'une éclatante blancheur et son dôme hémisphérique. Beaucoup de ces fontaines conservent encore des débris de ruines romaines, traces de l'antique réputation dont elles ont joui à juste titre. Dès les premiers jours de la belle saison, Arabes et Juifs pérégrinent en masse vers les stations les plus renommées : vous verrez surtout les premiers s'y rendre le vendredi, jour qui est leur dimanche et dans lequel le prophète Mohammed a principalement recommandé de prendre soin du corps, de se parfumer et d'aller au bain. Ignorant les effets des eaux minérales, leurs propriétés, leurs indications et contre-indications suivant les constitutions et les maladies, les Arabes les prennent très-rarement à l'intérieur et en bornent l'usage à l'emploi externe. En général ils restent peu de temps dans le bain.

Ces sources portent des noms fort peu scientifiques et d'origines très-diverses, tirés principalement : 1° soit de la couleur : ainsi près d'*Alger*, *Hammam-Melouane*, c'est-à-dire le bain bigarré, à cause des dépôts de différentes couleurs sur ses bords;

2° De la température de la source : ainsi dans le cercle de *Ghelma*, *Hammam-Berda*, c'est-à-dire le bain froid. Cependant une source froide (17° c.), située à 3 kilomètres d'Alger, porte le nom d'*Ouioun-Skouna*, c'est-à-dire les fontaines chaudes, on ne sait trop pourquoi ;

3° Soit de quelque fait historique : ainsi sur la route de *Mers-el-Kebir* à *Oran*, les bains de la Reine d'Espagne. En effet, la première de ces villes tomba, en 1505, au pouvoir des Espagnols qui laissèrent dans le pays d'importantes constructions ;

4° D'un marabout sous le patronage duquel la source est placée : ainsi *Hammam Sid' El hadj*; *Hammam Sidi Cheikh*; *Hammam Sidi Abdeli*, etc., à 30 kilomètres de *Lella-Maghnia*, sur les bords de la .*Tafna*. En travaillant le sol pour ériger la Koùbba de *Sidi Bou Ghara*, marabout très-vénéré dans le pays, les Arabes virent tout à coup surgir une veine liquide qui envahit les fondations du monument funèbre ; le bruit se répandit aussitôt dans la contrée que le saint homme venait de faire un nouveau miracle ; que pour remercier ses coréligionnaires de leur scrupuleuse obéissance à lui faire sa dernière demeure à l'endroit qu'il avait désigné, il les avait gratifiés d'une abondante et précieuse source thermale. L'imagination arabe aidant, les vertus de cette eau s'en trouvèrent immédiatement décuplées, et la source prit le nom de son bienfaiteur, *Hammam Sidi Bou Ghara* ;

5° . Soit aussi de la disposition de la localité : ainsi *Kheng El Hammam*, c'est-àdire l'étranglement, la gorge où est le bain ; *Hammam Djebel Nadoun*, le bain de la montagne *Nadoun*, etc. :

6° Soit de quelque propriété physique de la source : *Hammam el Karsa*, le bain d'eau acidulée ; *Hammam Mkebrit*, le bain soufré, etc ;

7° Enfin de la création présumée de la source. Les Arabes sont d'une ignorance profonde en notions physiques, chimiques et minéralogiques : leurs savants n'ont aucune idée de la formation la plus élémentaire, des propriétés les plus simples, des substances les plus communes. Aussi l'amour du merveilleux leur vient facilement en aide pour l'explication des phénomènes hydrologiques. Leur légende pour rendre compte de la température des eaux thermales est assez curieuse par son originalité : le roi Salomon avait donné à des *djenounes* (génies) l'ordre de chauffer toutes les sources, mais ce prince mourut sans avoir levé la consigne, en sorte que ces fidèles serviteurs, qui le croient encore vivant, continuent toujours leur tâche..... Voilà certes une théorie séduisante, tout au moins par sa simplicité : les Arabes n'en n'ont que dans ce genre. Y a-t-il des élévations rocheuses ou calcaires au milieu du bain? Ce sont des tentes d'ancêtres qui ont été pétrifiées.....Y a-t-il des figures irrégulières de terrain? Ce sont des transformations animales ou humaines.... Les abords de la source résonnent-ils bruyamment, ou bien la chute des eaux produit-elle des murmures singuliers? C'est la musique des *djenounes* qui les habitent..... A *Hammam-Meskoutine* (c'est-à-dire les bains maudits), la superstition arabe raconte qu'un riche voulant épouser sa propre sœur, convola à ses noces près de la source, et qu'au milieu du festin, amis, autorités et assistants furent foudroyés par la colère céleste : de là, naissance de blocs rocheux; le peuple fuyant est figuré par une masse pierreuse qui serpente dans l'*Oued-Meskoutine*; le bouillonnement de l'eau représente la cuisson des

aliments du repas sacrilége ; l'odeur sulfureuse indique la malédiction divine, etc.

Si vous le voulez bien, nous examinerons
comparativement les eaux minérales algériennes au point de vue de la température,
du débit, de la composition chimique et de
la valeur médicale.

Température.

Bon nombre de sources ont tout à côté
d'elles d'autres sources d'une espèce et
d'une température différentes : ainsi à *Hammam-Meskoutine*, à *Hammam-Rira*, des eaux
ferrugineuses à côté d'eaux sulfureuses ou
salines, etc. C'est peut-être au mélange
apparent ou caché des unes avec les autres
qu'il faut rapporter la grande variation de
température que l'on a signalée dans quelques sources, car il n'est pas suffisamment
démontré que les différentes thermalités
accordées par plusieurs observateurs aux
mêmes eaux indiquent que leur température
propre soit susceptible de changer plus ou
moins suivant les instants du jour et de
l'année. En outre, il reste à connaître la
profondeur d'émergence de ces sources. Il
est plus vraisemblable que des filets d'eau
non minérale, et d'un volume variable selon
l'époque de l'année, viennent, en se mélan-
geant avec la source thermale, troubler le
degré de température de cette dernière.

C'est ce que le docteur *Roucher* a constaté pour les eaux d'*Hammam Bou Sellam.*« Leur température élevée, dit-il[1], varie de quelques degrés, suivant qu'on l'observe dans les bassins et dans les ruisseaux ou à certaines époques de l'année. Cette dernière variation tient au mélange de minces filets d'eau froide dont le volume change avec les saisons, tout en demeurant toujours très-faible eu égard à la masse débitée par les sources. »

Les Arabes prétendent que leurs sources ont une température plus élevée pendant la saison des pluies que pendant l'été. Leur ignorance complète en physique leur fait ici confondre très-probablement le degré de la température de l'eau avec la *sensation* qu'ils éprouvent à des saisons différentes. — Le docteur *Payn* a constaté que pour les eaux d'*Hammam-Melouane* « l'indice thermométrique s'élevait toujours sensiblement pendant la nuit. »

Voici maintenant le tableau des températures des principales sources minérales de l'Algérie ; j'y joins l'indication de leur situation géographique.

Hammam – Meskoutine, 95° C ; — à 20 kilom. de Ghelma (Pr. de Constantine).

Hammam-Meskoutine (source ferrugineuse), 75°

---

[1] *Gazette médicale de l'Algérie*, 1853, p. 93.

cent. ; — à 20 kilom de Ghelma (Pr. de Constantine).

Hammam mtà el biben, 70° C. ;—chez les Euennougha (Pr. de Constantine).

Hammam baraï 60 à 70° C. ;—au pied de l'Auréss, cercle de Batna (Pr. de Constantine).

Hammam rira, 69° C. ; — à 26 kilom. de Milianah (Pr. d'Alger).

Hammam sidi ben en nefia, 63 à 65° C. ; — à 24 kilom. de Mascara (Pr. d'Oran).

Hammam mta el achaïch, 60° C. ; — chez les Ouled-Chedam (Pr. de Constantine).

Hammmam sidi bou hadjar [1], 60° C. ; — dans le cercle de Sidi bel Abbès (Pr. d'Oran).

Oued el hammam, 58° C. ;—aux environs de Sidi bel Abbès (Pr. d'Oran).

Hammam sidi aït, 55° C. ; — à 50 kilom. S-O. d'Oran (Pr. d'Oran).

Hammam bou Ghara, 52° C. ; — à 8 kilom.. de Lella-Maghnia (P. d'Oran).

Hammam bou Hadjar [2], 50° C. ;—à 50 kilom. S-O. d'Oran (Pr. d'Oran).

Hammam sidi bou zid, 50° C. ;—au confluent de la Mina et du Chélif (Pr. d'Oran).

Hammam bou taleb, 50° C. ;—à 60 kilom. S. de Sétif (Pr. de Constantine).

Aïn el Hammam, 50° C. ;—à 20 kilom. de Mascara (Pr. d'Oran).

Hammam oued Senior, 50 à 60° C. ; — chez les Haractas, au S. de Ghelma (Pr. de Constantine).

Hammam sid El Hadj, 48° C. ; — cercle de Biskara (Pr. de Constantine).

Hammam Kabès ou *Hammam Matmata*, 47° C. ; — Pr. de Constantine, à 16 kilom. O. de Kabès.

---

[1] *Gazette médicale de l'Algérie*, 1856, p. 48,

[2] Probablement la même source, bien qu'un observateur assigne 60° à la première, et qu'un autre n'en donne que 50° à la seconde.

2

Hammam bou Sellam, 47 à 54° C. ; — à 19 kil. S-O. de Sétif (Pr. de Constantine).

Bains de la Reine, 45° C. ;—près de Mers el Kébir (Pr. d'Oran).

Hammam béni Kecha, 45° C. ;—à 65 kilom. S-O. de Constantine.

Hammam Berragouïa, 45° C. ; — à 25 kilom. S. de Médéah (Pr. d'Alger).

Khang el Hammam, 45° C. ; — à 24 kilom. de Souk-Harras (Pr. de Constantine).

Hammam Salahin, 44° C. ; — cercle de Biskara (Pr. de Constantine).

Hammam-Rira, 43 à 46° C. ; — à 26 kilom. de Milianah (Pr. d'Alger).

Hammam ouled Messaoud, 42° C. ;—cercle de Ghelma (Pr. de Constantine).

Hammam Melouane, 42° C. ; — près Rovigo à 26 kilom. d'Alger.

Hammam Ghellaïa (plusieurs sources), 41 à 58° C. ; — entre Philippeville et Bône (Pr. de Constantine).

Hammam el Rorfa, 40 à 45° C. ; — au N-E. du djebel-amours (Pr. d'Alger).

Hammam bou Hallouf, 40° C. ;—aux environs de Djimilah' (Pr. de Constantine).

Hammam m'ta Djendel, 40° C. ; —cercle de Bône (Pr. de Constantine).

Hammum Kourbeizet, 39° C. ;—dans le cercle de Biskara (Pr. de Constantine).

Hammam sidi Cheikh, 38° C. ; — à 4 kilom. de Lella-Maghnia (Pr. d'Oran).

Hammam sidi Abdeli, 38° C. ; — dans le cercle de Sidi bel Abbès (Pr. d'Oran).

Hammam Nbaïls, 37° C. ; — cercle de Ghelma (Pr. de Constantine).

Hammam Amiga, 37° C. ; — cercle de la Calle (Pr. de Constantine).

Hammam Sidi bel Kheir, 36° C. ; —à 9 kilom. N. de Lella-Maghnia (Pr. d'Oran).

Hammam sidi ben chaa, 35 à 40° C. ; — dans les ruines de Técha (Pr. d'Oran).

Hammam Chafla, 35 à 45° C.; — à 40 kilom. de Bône (Pr. de Constantine).

Hammam Grouss, 35° C.; — chez les Tménia (Pr. de Constantine).

Kef el Hammam, 35° C.; — sur la route de Sid bel Abbès à Mascara (Pr. d'Oran).

Hammam Sidi Labrak, 35 à 38° C.;—à 12 kilom. de la Calle (Pr. de Constantine).

Hammam sidi Messid, 34° C.; — près de Constantine.

Hammam djebel Nadoun, 32° C.; — près Ghelma (Pr. de Constantine).

Aïn el Karsa, 32° C.; — chez les Beni-Menad (Pr. d'Alger).

Hammam sidi Mamoun, 31° C.; — près du Rummel et de Constantine.

El Hamma, 31 à 36° C.; — à 6 kilom. N.-O. de Constantine.

Hammam oued Allélah, 30° C.; —près du Vieux Ténez (Pr. d'Alger).

Hammam Berda, 29° C.; — près Héliopolis, cercle de Ghelma (Pr. de Constantine).

Près de *Zaatcha*, 28° C.;— Pr. de Constantine.

Aïn el Bey, 27° C.; — à 6 kilom. de Constantine.

Aïn Merdja, 24° C.; — sur la rive gauche de la Tafna (Pr. d'Oran).

Mouzaïa les Mines, 18 à 20° C.;—à 14 kilom. N.-O. de Médéah (Pr. d'Alger).

Ben Haroun, 18" C.; — près de Dra el mizane (Pr. d'Alger).

Hammam Rira (ferrugineuse), 17 à 18° C.;—à 26 kilom. de Milianah. (Pr. d'Alger).

Ouioun Skhouna, 17° C.; — à 3 kil. d'Alger.

Téniet El Had, 12" C.; — à 60 kil. de Milianah (Pr. d'Alger).

Vous aurez remarqué, très-honoré confrère, que l'Algérie possède une des eaux les plus chaudes que l'on connaisse. *Ham-*

mam-*Meskoutine*, en effet, n'est surpassé en température que par l'eau du *Grand Geyser* en Islande, 110 à 127° C., par celle de l'*Ile Saint-Michel* en Amérique, 99° C., et celle d'*Ischia* en Italie, 98° C. Vous voudrez bien ensuite constater que les eaux les plus chaudes appartiennent en général à la province de Constantine, et les plus froides à celle d'Alger.

Débit.

Sous le rapport du débit, plusieurs sources de notre colonie ne laissent rien à désirer, et il n'y a aucun doute que les autres fourniraient aussi en grande abondance si leurs eaux éparses étaient soigneusement récoltées dans un ou plusieurs bassins centraux, ainsi :

		litres.
Hammam-Meskoutine fournit en 24 h.		2,400,000
Les *Bains de la Reine*	—	960,000
Hammam Mélouane	—	259,000
— *Rira*	—	216,000
— *bou Hadjar*	—	115,200
— *Meskoutine* (source ferrug.)		100,800
— *bou Sellam*		72,000
Aïn el Baroud	—	6,840
Hammam sidi bou Hadjar	—	4,320
Ben Haroun	—	4,320
Ouioun Skhouna	—	2,500

Hammam-Meskoutine donne donc autant de liquide en 24 heures que Bourbon-l'Archambault, la source la plus abondante de France.

Le débit des eaux algériennes varie-il selon les époques de l'année, surtout selon les sécheresses générales ou les hivers très-pluvieux? A *Teniet-El-Had*, à *Hammam-Rira*, à *Hammam-Salahin*, etc., les Arabes m'ont affirmé que les sources étaient toujours plus abondantes aux approches du printemps. Des observations précises deviennent évidemment nécessaires à cet égard, car il me semble que les influences atmosphériques ne peuvent modifier que des sources très-rapprochées de la surface du sol. Certains phénomènes telluriques, les tremblements de terre, par exemple, doivent avoir une influence marquée sur le volume des eaux des sources; or ces commotions volcaniques, sont, comme vous le savez, loin d'être rares en Algérie.

Quant au débit gazeux, le docteur *Moreau* (de Bône) a récemment fait pressentir[1] la possibilité et l'avantage d'utiliser les vapeurs sulfureuses des thermes d'*Hammam-Meskoutine* dans la cure par inhalation des affections pulmonaires: ils offrent par kilogr. d'eau minérale 0 lit. 05 d'acide sulfhydrique. — Le gaz carbonique se rencontre dans plusieurs sources : celle de *Ben-Haroun* en renferme 1 litre 2512, ce qui la rangerait au 4ᵉ rang des plus riches de France.

[1] Brochure sur les *Eaux thermales d'Hammam Meskoutine*, 1858.

Composition chimique.

Les éléments minéralisateurs solides, chimiquement découverts dans les sources algériennes sont assez nombreux. Figurent le plus souvent le potassium, le sodium, le strontium, le calcium, le magnésium, l'aluminium, le fer, le silicium, le carbone, le phosphore, le soufre, le chlore, le fluor, l'arsenic [1], enfin l'iode [2]. Le lithium, le baryum, le manganèse, le cuivre, le bore, le brôme ne se sont pas présentés à l'analyse.

La quantité générale des substances salines ou principes fixes m'a semblé intéressante à connaître.

	Ainsi un litre d'eau		
d'*Hammam-Meskoutine* en contient	29	gr.	542
des *bains de la Reine*	12		580
de *Ben-Haroun*	4		770
d'*Hammam-Sidi-Aït*	3		400
— bou *Hadjar*	3		400
— *Rira* (ferrug. chaude).	2		704
— — (*id.* froide).	2		559
de *Mouzaïa-les-Mines*	2		518
d'*Hammam-Rira* (saline).	2		286
de l'*Oued Biskara*	2		100
d'*Hammam Meskoutine* (saline).	1		520
Id. (ferrug).	1		264

[1] Découvert par M. *Tripier* dans les eaux d'*Hammam-Meskoutine*, d'*Hammam-Melouane* et dans la source ferrugineuse froide d'*Hammam-Rira*.

[2] M. l'aide-major *Fegueux* en a trouvé des traces dans les sources ferrugineuses d'*Hammam-Meskoutine*, et M. de *Marigny* dans celles d'*Hammam-Melouane*.

d'*Hammam bou Sellam*	1	500
d'*El Hamma*	0	932
d'*Ouïoun Skhouna*	0	637
de *Teniet el Had*	0	110

Nous avons vu plus haut que la température des sources en Algérie était—ou plutôt paraissait — susceptible de varier suivant l'instant de l'année ou du nychthémère. Serait-ce à cette modification de thermalité qu'il faudrait attribuer l'inconstance du degré de *saturation* des mêmes eaux? En analysant le liquide d'*Hammam-Melouane*, MM. *Méardi* et *Marie* avaient déjà, dès 1834, constaté que sa saturation saline « varie suivant les saisons de sécheresse ou de pluie, de 28 grammes et demi à 32 grammes par kilogramme, et s'affaiblit même au mois de février jusqu'à 25 grammes[1]. »

Quoi qu'il en soit, le tableau ci-dessus assigne aux eaux d'*Hammam-Meskoutine* et aux *bains de la Reine* une *saturation* assez considérable qui leur vaut un rang distingué dans les 6 premières sources minérales de l'empire.

Composition chimique et valeur médicale.

Nous pouvons après ces considérations générales jeter un coup d'œil sur les eaux minérales de la colonie, au point de vue du

[1] *Journal l'Akhbar* du 16 juin 1844.

classement chimique et de l'examen thérapeutique. Leur coordination par les propriétés chimiques et l'analogie des qualités médicales donne quatre sections : les alcalines, les salines, les ferrugineuses et les sulfureuses. L'iode et l'arsenic trouvés dans quelques eaux de l'Algérie ne semblent pas en proportions assez considérables pour motiver une catégorie particulière d'iodurées et d'arsénicales.

A. Eaux salines

6 sources analysées, dont
2 sulfatées{ 1 calcique
1 sodique
4 chlorurées{ 1 sodique et bicarbonatée.
3 sodo-magnésiennes.
Plus 35 sources non encore analysées.
Total.... 41.

HAMMAM-RIRA : *sulfatée - calcique-chlorurée.*—Sources connues également sous le nom d'*eaux-chaudes*[1] à 26 kilom. de *Milianah*, dans les gorges de l'*Oued-djer*. Ruines de ville romaine et d'un beau bassin, sur les flancs d'un côteau élevé dont les pieds baignent dans l'*Oued-Hammam*. Site extrêmement pittoresque. Établissement thermal construit par l'administration de la guerre sur les débris des anciens thermes : la saison thermale ouvre le 5 mai et finit le 15

[1] Les anciennes *Aquæ Calidæ*.

juillet. 4 sources : 43 à 46º C : débit total de 150 litres environ par minute.

Composition :

		Gr.
Chlorure de sodium		0,21600
— de magnésium		0,18512
Sulfates { de soude		0,02800
de magnésie		0,02400
de chaux		1,28600
Carbonates { de chaux		0,20000
de magnésie		traces.
Silice		0,00800
Matière organique.		0,33942
(Dr *Duplat*.)	Total...	2,28654

Le docteur *Lelorrain*, qui a publié cette analyse[1], s'est trouvé bien de l'emploi de ces eaux dans l'eczéma, les névralgies, la sciatique, les affections rhumatismales et articulaires, la goutte, la syphilis constitutionnelle rebelle aux traitements spécifiques, etc. Les indigènes fréquentent ces thermes surtout pour les affections cutanées.

L'action des eaux d'*Hammam-Rira* se rapproche beaucoup de celles d'*Encausse* (Haute-Garonne), d'*Avène* (Hérault), *Chaudes-Aigues* (Cantal) : etc.; elles sont toutefois plus actives que *Bourbon-Lancy* (Saône-et-Loire).

MOUZAIA-LES-MINES: *sulfatée-sodique-bicarbonatée*, à 14 kilom. N. de *Médéah*. Deux bassins, 18 à 20º C., débit de 450 litres par jour.

[1] *Gazette médicale de l'Algérie*, 1856.

Composition :

		Gr.
Acide silicique		0,023
Alumine		traces.
Oxyde de fer		0,007 à 0,015
		Gr.
Bicarbonates	de chaux	0,342
	de magnésie	0,181
	de soude	0,662
Sulfate de soude		1,204
Chlorure de sodium		0,099
(Dr E. Millon.)	Total...	2,518

Expérimentée par le docteur *Négrin*
(d'Alger) qui la regarde comme analogue à
l'eau de *Seltz* et de *Saint-Galmier*, et conve-
nant dans les maladies du foie, l'engorgement des viscères, la dyspepsie, la chlorose,
l'aménorrhée, l'embarras des voies gastro-
intestinales.

BEN-HAROUN : *chlorurée - sodique - bicarbonatée*, à 10 kilom. environ de *Dra-el-
Mizane*, poste militaire de la Kabylie dans la
province d'Alger. 3 sources : 18° C., débit
de 3 litres par minute.

Composition :

Acide carbonique libre		1,2512
Chlorure de sodium		1,1608
Sulfates	de soude	0,9562
	de chaux	0,0354
	de magnésie	0.1588
Carbonates	de soude	0,9040
	de chaux	1,2960
	de magnésie	0,2088
Peroxyde de fer		0,0160
Silice gélatineuse libre		0,0360
Matière organique		q. ind.
(M. de Marigny.)	Total...	4,7700

Ces eaux gazeuses n'ont pas encore été expérimentées; du moins aucune publicité n'a été donnée aux essais qui ont pu être faits. Lors des travaux de routes en Kabylie dans l'été de 1851, le général P.... qui commandait les troupes cantonnées près de *Dra-el-Mizane* se trouva atteint d'un embarras gastro-intestinal fort intense, qui résista aux éméto-cathartiques. J'eus recours aux eaux de *Ben-Haroun* dont j'avais déjà constaté sur moi et sur quelques indigènes les propriétés en 1850, durant une tournée médicale chez les Arabes. Deux litres de ce liquide minéral suffirent pour dissiper tous les symptômes chez le général, et ramener l'appétit dès le second jour.

HAMMAM - MÉLOUANE : *chlorurée sodo-magnésienne*, à 30 kilom. S.-E. d'Alger et dans une gorge au pied de l'Atlas, près du village de Rovigo. 2 constructions, un puisard et un marabout qui couvre une piscine presque carrée de 2 mètres de long. 42° C., débit de 180 litres par minute. Composition :

Chlorure de sodium		26,0690
— de magnésium		0,4350
— de potassium		
— de calcium		traces.
— d'ammoniaque		
Carbonates { de chaux		0,1350
{ de magnésie		traces.
Sulfate de chaux		3,1260
Carbonate de fer		0,0025

Matière organique azotée Silice gélatineuse Arsenic	traces.
Total des sels :	29,5422

Le gaz qui se dégage de la source est composé de : acide carbonique 6 parties
azote 94 —

(*M. Tripier.*)

Les eaux d'*Hammam-Melouane* sont plus de quatre fois plus chlorurées que *Balaruc* et *Bourbonne*, les plus muriatiques de France. —Très-efficaces dans les douleurs rhumatismales, les affections de la peau, le rhumatisme articulaire, la goutte, les ostéites traumatiques, les anciens ulcères, les engorgements scrofuleux et spléniques.

BAINS DE LA REINE : *chlorurée sodo-magnésienne*, à 2 kilom. O. d'Oran : sur le penchant d'une colline du littoral. Établissement spacieux où sont traités les malades d'Oran et de l'intérieur de la province. 4 sources : 45° C., débit total 250 litres à la minute.

Composition :

Chlorure de sodium	5,956
— de magnésium	4,317
Sulfate de magnésie	0.420
Carbonate de chaux	1,078
Silice	0,809
Total....	12,580

(*MM. Soucelyer* et *Redouin.*)

Ces eaux, reçues dans un bassin creusé dans la grotte, sont employées avec succès dans les affections rhumatismales, l'engorgement des viscères abdominaux consécutif aux fièvres intermittentes, les adénopathies, les lésions traumatiques osseuses, articulaires, certaines dermatoses. — Les Arabes les préconisent dans les engorgements abdominaux, les rhumatismes anciens, l'atonie des voies digestives. — Nous n'avons pas en France d'eau minérale contenant une aussi grande quantité de chlorures.

HAMMAM-BOU-SELLAM : *chlorurée sodique bicarbonatée.* 41 à 49° C., à une vingtaine de kilom. S.-O. de Sétif, dans un vallon très-sain et fertile, 8 sources coulant dans plusieurs bassins naturels de 4 mètres de large et 3 de profondeur, 47 à 54° C.

Composition :

Bicarbonate de chaux		0,144
Carbonate de soude		0,019
Sulfates	de soude	0,306
	de chaux	0,384
Chlorures	de sodium	0.434
	de calcium	0,029
	de magnésium	0,027
Silice		0,060
Matières organiques		
Oxyde de fer		0,016
Perte		0,014
	Total...	1,389

(*M. le Dr Roucher.*)

Très-utilisée par les Arabes dans les vieilles fièvres intermittentes et les affections rhumatismales.

On trouve encore comme eaux minérales salines :

Dans le cercle de *Ghelma,* près d'*Héliopolis, Hammam-Berda,* 29° C. — *Hammam-Nbaïls,* 37° C ;—*Hamman des Beni-Foughal ;*—*Hammam inta el Achaïch,* 60° C. ;—*Hammam-djebel-Nadoun,* 32° C., entouré de ruines romaines. Toutes ces sources sont employées par les Arabes contre les douleurs rhumatismales, syphilitiques, les dermatoses.

Dans le cercle de *Sidi-bel-Abbès,* les bains dits *Hammam-bou-Hadjar,* 50° C., et *Hammam si ben Ali Youb,* tous deux vantés par les indigènes contre la syphilis constitutionnelle ;

A l'*Oued el-Hammam,* sur la route de Sidibel-Abbès à Mascara, plusieurs sources de 58° C.;

A 4 kilom. de *Lella Maghnia,* sur la rive gauche de l'Oued-Mouila, *Hammam-sidi-Chikh,* 38° C.;

Près du Vieux-Ténez, *Hammam oued Allélah,* 30° C; vestiges de constructions romaines;

Sur la rive gauche de la Tafua, *Ain-Merdja,* 24° C., près des ruines de Tékembrit;

Au N.-E. du Djebel-Amour, *Hammam-el-Rorfa,* 40 à 45° C.;

A 50 kilom. S.-O. d'Oran, *Hammam sidi*

bou Hadjar, 60° C; six sources donnant 12 à 15 litres chacune par minute;

A 24 kilom: de Mascara, *Hammam sidi ben en Nefia*. 63° à 65°; sources très-renommées dans les affections cutanées, syphilitiques, les engorgements abdominaux;

Sur le bord du Chélif, à 4 kilom. au-dessus de son affluent avec la Mina, *Hammam sidi bou abd' Allah*, dans la province d'Oran; source considérable, d'une température très-élevée, puisque les Arabes y font cuire des œufs, des poules, etc ; — et *Hammam sidi bou Zid*, 50° C., très-important. — Au N. des deux précédentes, dans les ruines de Técha, *Hammam sidi ben Dhaa*, 35 à 40° C.

Près des ruines d'*Aquæ Cæsaris*, à 18 kilom. de Tébessa, un *Hammam* très-fréquenté;

Entre Philippeville et Bône, *Hammam-Ghellaia*, 3 sources de 41 à 58° C. ;

Au S. de Constantine, près du Rummel et de la Porte Valée, *Hammam-sidi-Mimoun*, 31° C., sous une voûte antique ;

A 60 kil. S. de Sétif et sur la tribu des Ouled-Sésiane, *Hammam - bou - Thâleb*, bain très-chaud et très-abondant;

Au pied de l'Aurès, *Hammam-Barai*, 60 à 70° C.

A mi-chemin de Constantine à Sétif, *Hammam-béni-Kécha*, 45° C.; très-renommé dans les affections des os et de la peau ;

A 40 kilom. N.-O. de Sétif, près la route de Bougie, *Hammam Guergour*, sources très-chaudes et considérables :

Près de Bougie, chez les Berbacha, *Hammam béni Sermen*, eaux très-chaudes ;

Sur la route de Medjana à Aumale, *Hammam-mensoura*, au fond d'un ravin ;

Entre El Kantara et El Outaïa, dans le cercle de Biskara, *Hammam-Salahin*, 44º.

Dans la subdivision de Tlemcen : 1º dans le ravin de l'Oued-Sbaïr, près de *Nédromah*, des sources de 30º C. ; 2º sur la Tafna, près de l'ancien pont de la route de Nemours et à 8 kilom. de Lella Maghnia, *Hammam bou Ghara* 52º C., eaux très-abondantes, ombragées par des palmiers, très-estimées par les Arabes contre la stérilité ; les Français y ont construit un pavillon et deux piscines ; 3º sur la rive gauche de l'Isser et à 7 kilom. du pont de Pierres, *Hammam-sidi-Abdeli*. 38º C.

A 20 kilom. de Mascara, à peu de distance de la tribu des Hachem, pays natal d'Abd-el-Kader, *Aïn-el-Hammam* dont les eaux marquent 50º C., à leur émergence d'un rocher, et 44º à leur passage dans les bains.

Sur la rive gauche de la Tafna, à 9 kilom. N. de Lella Maghnia, *Hammam sidi bel Kheir*, 36º C.

Nous aurions à ajouter à cette longue liste d'eaux salines les *Sebkha*, nombreux

lacs salés de la province d'Oran et de
Constantine : ces marais fort étendus, dont
le sol sablonneux est recouvert d'une cou-
che plus ou moins épaisse de sel, sont
entourés de fertiles pâturages et exploités
comme salines par les Arabes et nos colons.
Celui qui est à 12 kilom. d'Arzew, a 12 kil.
de long sur près de 3 de large, il est en voie
de bonne exploitation; le lac *Misserghin*, à
12 kilom. S.-O. d'Oran, mesure 20 kilom.
de large sur 50 de long. Dans le Sahara, au
S. de la province d'Oran, on trouve les
grands *Chott Chergui* (de l'est) et *Gharbi*
(de l'ouest). Au S. de Constantine existent
plusieurs lacs salés importants, notamment
celui de *Msilah.* — Au sud de la province
d'Alger appartient le lac salé du *Zahrez.*

Je ne sache pas que ces liquides salins
et leurs eaux-mères aient été expérimentés.
La thérapeutique y trouverait cependant
une aussi précieuse ressource que dans les
mutter lauge si heureusement employées
par les Allemands et que dans les résidus
d'évaporation de nos salines du Jura.

Il faut remarquer en outre que sur beaucoup de points les cours d'eau de l'Algérie
renferment une grande quantité de sels
sodiques ou magnésiques qui en font autant
de véritables eaux minérales : aussi les eaux
de l'*Oued-el-melh-mta-Thabet*, dans le cercle
de Tenez, renferment par litre plus de 300
grammes de chlorure sodique, et celle de

la tribu des *Béni-Mélah*, cercle de Bougie, 200 grammes environ. S'il n'y a pas eu d'erreurs dans ces chiffres, il faut avouer, très-honoré confrère, que de telles eaux n'auraient pas de rivales en France ni à l'étranger, même dans les eaux-mères de nos salines, puisque celles de Montmorot (près de Lons-le-Saunier), les plus riches en chlorure sodique, n'en renferment que 184 grammes à peine....

Les eaux de l'*Oued-bou-Keutoun,* près des Portes de fer, sont très-saumâtres et très-salées. L'*Oued Righ'* dans le Sahara, au sud de Biskara, est légèrement laxative, ainsi que je l'ai constaté dans l'expédition de 1852. Entre la mer et Sétif (Province de Constantine), l'*Oued-Amacin* et l'*Ischkaben* sont assez salés pour être commercialement exploités. A 24 hilom. d'Oran, le *Dayat oum el Ghelaz* constitue un lac dont l'eau contient par litre 3 gramm., 35 de sels, dont les deux tiers appartiennent à des chlorures et sulfates sodiques. Dans le cercle d'Arzew les eaux renferment généralement 47 à 48 % de chlorure sodique. En Kabylie, chez les Béni-Azzouz, les Beni-Abbès, les Beni-Ourtilone, les Beni-Khateb, les Beni-Smaïl, il existe des eaux thermales assez salines pour que leur évaporation procure de grandes quantités de chlorure de sodium. Dans le Sahara de la province de Constantine, les sels magnésiens dominent; aussi les eaux de Bouçada donnent la diarrhée et la dyssenterie; près de Zaatcha, j'ai visité des eaux de 28°, très-chargées de sels magnésiques. Il nous était facile de constater à *Biskara*, oasis à 236 kilom. S-E. de Constantine, l'action légèrement purgative des eaux qui y arrivent de l'Oued-Kantara ainsi que l'absence d'engorgements abdominaux dans la population arabe qui en buvait. M. *Tripier* a reconnu que les eaux de Biskara contiennent par litre :

Acide carbonique	comme l'eau ordin.	
		Gr.
Chlorures { de sodium de magnésium }		1,20
de calcium		traces.
Sulfates { de chaux de soude de magnésie		0,40 0,25 traces.
Carbonate de chaux		0,15
Matière organique		0,10
	Total...	2,10

Or, ce liquide comparé à certaines eaux salines de France, contient plus de chlorures anhydres que Bourbon-Lancy (Saône-et-Loire), Bains (Vosges), Luxeuil (Haute-Saône), Aumale (Seine-Inférieure), etc.

Cette grande quantité d'eaux salées en Algérie mérite vraiment une attention médicale toute particulière.

B. Eaux alcalines.

Une seule source analysée. Deux sources non analysées.

Le Hamma : *Bicarbonatée calcique*, à 6 kil. de Constantine : dans une plaine remarquable par sa riche végétation : auprès de ruines de thermes romains ; un immense bassin reçoit les eaux fort abondamment fournies par plusieurs sources, 31° C.

Composition d'après M. *Guyon* :

Acide carbonique libre, à peu près le volume de l'eau.

Chlorure de sodium		0,195
Carbonates	de soude	0,115
	de chaux	0,436
	de magnésie	0,008
Oxydes	de fer	0,145
	de manganèse	traces.
Matière organique combinée en partie avec l'oxyde de fer		0,033
	Total...	0,932

Je ne sache pas que ces eaux aient été expérimentées.

À l'E. du bain d'Hammam-Rira (prov. d'Alger), sur le territoire des Beni-Menad, on trouve une source très-abondante dite Aïn-Karsa (la fontaine acide) : eaux tout à fait semblables à celles de Seltz.

A 2 kilom. d'Arcole, une belle source d'eau acidulée, abondante, vendue comme eau de Seltz à Oran qui n'est éloigné de cette localité que de 5 kil.

C. Eaux ferrugineuses.

5 sources analysées ;
3 sulfatées { 1 sodique
             { 2 calciques
1 carbonatée calcique
1 chlorurée sodique
7 sources non analysées
Total.... 12.

Hammam-Meskoutine (prov. de Constantine): à 1 kilomètre de l'établissement des eaux sulfureuses, il existe des sources *ferrugineuses sulfatées sodiques,* 75°. La principale fournit près de 70 litres à la minute.

Composition :

Carbonate de chaux	0,1746
— de magnésie	0,0237
Sulfate de chaux	0,4292
— de soude	0,0528
Chlorure de potassium	0,0406
— de magnésium	0,0718
— de sodium	0,3504
Oxyde de fer	0,0500
Acide silicique	0,0125
Phosphate de soude	0,0202
Iode	traces.
Matière organique } Perte }	0,0382
Total...	1,2640

(*M. Fegueux*).

« L'existence d'une eau de cette nature à côté des sources salines et sulfureuses, en permettant d'élargir le cercle des indications thérapeutiques, contribuera à faire d'Hammam-Meskoutine une station thermale des plus importantes. » (Dr *Hamel*, Gaz. méd. de l'Algérie, 1858).

TÉNIET-EL-HAD : *ferrugineuse sulfatée calcique* : à 60 kilom. de Milianah (prov. d'Alger). Dans la belle forêt des Cèdres voisine de ce poste, plusieurs sources. La plus fréquentée a 12º C. et un débit approximatif de 1,800 litres par jour.

Composition :

	Gr.
Carbonate de fer	0,02417
Sulfate de chaux	0,03390
— de soude	0,01350
Chlorure de sodium	0,03260
Phosphate de chaux.	0,01500

(*M. Vatoune*). Total des sels : 0,11917

Ces eaux que j'ai expérimentées en 1848 m'ont paru très-avantageuses dans l'œdème et l'engorgement des viscères abdominaux consécutifs aux fièvres intermittentes, dans les flux intestinaux chroniques, dans l'aménorrhée, les dartres, les plaies, les ulcères, les conjonctivites, les diarrhées et dyssenteries.

TÉNIET-EL-HAD contient plus de sels de fer que Bussang (Vosges), Campagne (Aude), Forges (Seine-Inférieure), Mont-Dore (Puy-de-Dôme), Pougues (Nièvre) ; et enfin autant que la source de Géroustère (à Spa).

HAMMAM-RIRA : près des belles sources salines de cette localité, 2 sources ferrugineuses abondantes : l'une de 69º, *ferrugineuse sulfatée calcique*, contient :

		Gr.
Chlorure de sodium		0,5326
Sulfates	de chaux	0.8266
	de magnésie	0,2726
	de soude	0,4280
Carbonates	de chaux	0,2866
	de magnésie	0,0500
Silice		0,0066
Oxyde de fer et traces de Phosphate		0,0266
Matière organique		indét.
(*M. de Marigny*).	Total:...	2,7042

L'autre, *ferrugineuse carbonatée calcique*, température de 17 à 18 degrés, renferme :

		Gr.
Chlorure de sodium		0,1957
— de magnésium		0,1850
Sulfates	de chaux	0,7823
	de magnésie	} 0,5570
	de soude	
Carbonates	d'ammoniaque	traces.
	de chaux	0,8070
	de magnésie	} 0,0015
	de strontiane	
Fer combiné aux acides organiques azotés et un peu d'arsenic		} 0,0300
(*M. Tripier*).	Total....	2,5590
		lit.
Gaz acide carbonique		0,1360
Azote		1,0090

Ces sources, peu connues, « constituent un élément précieux de traitement, soit qu'on veuille combiner l'administration des deux espèces (salines ferrugineuses) d'eaux minérales, ou les prescrire isolément. Cette variété agrandit le cadre des affections qui pourront être traitées avec certitude de guérison ou espoir de succès par les eaux d'HAMMAM-RIRA. »(Dr *Lelorrain*, Gaz. méd. de l'Algérie, septembre 1856).

OUÏOUN-SKHOUNA : *ferrugineuse chlorurée sodique* : à 2 kil. d'Alger, dans un charmant ravin bien justement appelé Frais-Vallon : plusieurs bassins ; 17° C., près de 2 litres de débit à la minute.

	Gr.
Chlorure de sodium	0,314
Sulfate de soude	0,046
Bicarbonate de soude	0,061
— de chaux	0,099
— de magnésie	0,075
— de protoxyde de fer	0,007
Silicate de chaux	0,030
(Dr *E. Millon*). Total...	0,632

Le Dr A. Bertherand les a avantageusement utilisées dans les plaies et ulcères dus à des diathèses cachectiques, variqueuses et surtout scorbutiques, la gastralgie, l'anorexie, la chlorose, la leucorrhée, la dysménorrhée, les dermatoses scrofuleuses, etc. (Gaz. méd. de l'Algérie, 1856). — Ces eaux ont autant de propriétés que Châteldon (Puy-de-Dôme) Luxeuil (Haute-Saône) ; elles sont supérieures à celles de Plombières (Vosges).

HAMMAM SIDI BOU HADJAR : *ferrugineuse sodo-magnésienne* (?). Dans la province d'Oran, à 3 kilom. E. des thermes de *Sidi-Aït*, et près de l'extrémité orientale du Sebkha d'Oran. Bain protégé par une construction convenable en maçonnerie. Près de 61° C; débit de 3 à 10 litres par minute suivant les sources, goût amer dû à une assez grande quantité de sels magnésiens. M. le pharmacien aide-major *Servoisier* en a fait l'analyse qualitative suivante :

Poids spécifique 1,00425
Oxyde de fer
Carbonate de chaux
    — de magnésie
Sulfate de chaux
    — de magnésie
Chlorure de calcium.
    de sodium
    — de magnésium
Silice

Gr.
Poids des sels : 3,40.

Matière organique   des traces.

Le Dr H. Bertrand s'est trouvé très-satisfait de l'emploi de ces eaux dans l'engorgement des viscères abdominaux consécutif aux fièvres intermittentes, dans l'hydropisie, la chlorose, l'anémie suite de métrorrhagie passive abondante.

Il existe encore des sources ferrugineuses dans le cercle de Lacalle, à 12 kil. S-E de cette ville, *Hammam si Labrak*, 35 à 38° ;

Près de *Dahla*, une source très-renommée dans le traitement des fièvres intermittentes anciennes ;

Dans la plaine de *Dréa* (cercle de Bouçada) une eau abondante, très-fréquentée par les indigènes ;

Près de *Stora* (prov. de Constantine), au pied de la montagne, deux sources froides ; vestiges de constructions romaines ;

D'autres sources ferrugineuses et gazeuses, abondantes, dans le cercle d'Aumale à *Bordj-Bouira*, dans la Kabylie chez les *Ouled-Aziz* ;

Entre Milah et Djemilah (prov. de Constantine), sur le terrain d'une ancienne colonie romaine, la source bien renommée de *Ma-Allah* ; etc, etc.

D. EAUX SULFUREUSES.

Une seule source analysée.
22 sources incomplètement analysées.

HAMMAM-MESKOUTINE, *hydrosulfurée chlorurée sodique* à 18 kil. de Ghelma (prov. de Constantine), au milieu de débris d'immenses établissements romains : plusieurs sources pouvant fournir près de 100 mille litres d'eau par heure, 95° C. Quatre grands bassins actuellement en usage. Bains de vapeurs et de boue, douches, etc.

Composition :

Chlorure de sodium	0,41560
— de magnésium	0,07864
— de potassium	0,01839
— de calcium	0,01085
Sulfate anhydre de chaux	0.38086
— de soude	0,17653
— de magnésie	0,00673

Carbonate de chaux	0,25722
— de magnésie	0,04235
— de strontiane	0,00150
Arsenic dosé à l'état métallique	0,00050
Silice	0,07000
Matière organique	0,06000
Fluorure } Oxyde de fer	traces.
Total...	1,52007

Les gaz échappés de la nappe en ébullition sont formés de

Acide carbonique	97,00	
— sulfhydrique	0,50	100.
Azote	2,50	

(*M. Tripier*).

Très-bonnes dans les rhumatismes chroniques, les engorgements des viscères abdominaux consécutifs aux fièvres intermittentes, certaines paralysies, la scrofule, les dartres invétérées, les vieilles blessures, les affections articulaires, les fractures anciennes, les entorses chroniques, la syphilis constitutionnelle, la sciatique, les adénopathies chroniques, les ulcères atoniques, etc. Les Arabes utilisent ces eaux moins pour le traitement médical que pour laver le linge; ils y plongent aussi les végétaux dont ils veulent n'obtenir que la fibre ligneuse pour en faire des cordes et des nattes: ils y font également cuire des fèves, du blé, du gibier, de la viande, des œufs, etc.

Hammam-Meskoutine a de grandes analogies avec *Bagnères de Bigorre* (Hautes-Pyrénées) et *Aix* en Savoie.

Hammam sid el Hadj : à 6 kilom. O. de Biskara (prov. de Constantine). Une excavation rocheuse reçoit une eau abondantè, qu'en décembre 1852 j'ai trouvée de 48° C. Ses propriétés et sa composition l'assimilent aux eaux de Baréges : les Arabes qui l'emploient dans les dermatoses, les douleurs rhumatismales, l'appellent aussi *Hammam mkebrit,* le bain soufré.

Sur la route de Biskara à El Kantara, *Hammam - Kourbeizet ,* source sulfureuse utilisée par les habitants de la tribu d'El Outaïa; je lui ai reconnu une température de 39° C, une odeur sulfureuse et une saveur saline très-prononcées. Elle offre les vestiges d'une piscine romaine.

Hammam sidi Ait : dans la plaine de Soughaï (prov. d'Oran), près d'un immense tertre calcaire de 5,600 mètres de long, large et haut de 6 mètres. Simple excavation de 1ᵐ 50 de large : cette source donne par minute quatre litres d'eau à 55°. Très-sulfureuse, elle a été qualitativement analysée par M. l'aide-major *Servoisier* qui lui a reconnu :

Poids spécifique	1,00425
Oxyde de fer	
Carbonate de chaux	
— de magnésie	
Sulfate de chaux	Poids des sels 3,gr.40
— de magnésie	
Chlorure de calcium	
— de sodium	
— de magnésium	
Silice	
Matière organique	des traces

Essayée avec succès par le Dr H. Bertrand (thèse précitée) dans la syphilis constitutionnelle, les douleurs ostéoscopes, les périostoses, les papules, l'eczéma chronique, les dartres lichénoïdes et autres, les douleurs rhumatismales chroniques, l'hydarthrose, les blessures anciennes, les affections scrofuleuses.

A 15 kil. S-O de Mostaganem, *Ain-Nouici*, source sulfureuse qui a donné son nom à la colonie agricole : elle contient des sulfites et hyposulfites et jusqu'à 16 gr. 92 de chlorure de sodium. Très-fréquentée par les Arabes.

Dans le cercle de Bône, chez les Gueurbès, *Hammam mtà Djendal*, 40º C.

Dans le cercle de Lacalle. chez les Béni-Amar, *Hammam-Amiga*, 37º : et chez les Braptia, *Kef el hammam*, 35º C.

Dans le cercle de Ghelma chez les Ouled-Messaoud , *Hammam-Ouled-Messaoud*, 42° ;

Dans le cercle de Lacalle, plusieurs autres sources thermales sulfureuses, entre autres au pied de la montagne des *Trad :* les eaux de cette source sont très-abondantes, au point que le soufre couvre les bords du ruisseau qui coule au milieu de ruines romaines éparses : le pays est magnifique ;

A 4 kil. de Mouzaïa-les-Mines (prov. d'Alger) une source froide, appelée *Ain-el-Baroud*, fontaine de la poudre, à cause de son odeur sulfureuse : elle donne 1 litre 50 par minute ;

A 25 kil. S. de Médéah, *Hammam-Ber-rouaguia*, source sulfureuse abondante, 45°; très-usitée chez les Arabes contre les affec tions du foie et la gale;

Chez les Béni-Mchàssen (prov. de Constantine), près la frontière de Tunis, à côté des ruines d'un vaste établissement romain, trois eaux thermales sulfureuses connues sous le nom de *Hammam-Ouled-Mdellem* ;

A 24 kil. E. de *Souk-haras*, une source sulfureuse, 45° C, dite *Khang-el-Hammam*, l'étranglement du bain, à cause de sa situation topologique ;

A 45 kil. E.-S.-E. de Bône, le bain appelé *Hammam-Chafla*, 35° C; eaux sulfureuses et gazeuses; établissement romain encore conservé ;

Entre Alger et le cap *Caxine*, une eau très-sulfureuse :

Plusieurs sources de 50 à 60° sur le plateau qui domine l'*Oued-Senior* chez les Haractas (prov. de Constantine) et surtout à la rencontre de l'Oued-Senior avec l'*Oued-Surff*: les eaux sont entourées de ruines romaines.

Dans la vallée de l'Oued-Sahel (prov. d'Alger), près de l'*Oued-Zaïan*, une eau thermale sulfureuse :

A l'entrée de la vallée de la *Chafla* entre Lacalle et Bône, source sulfureuse de 35° ;

Aux environs de *Djemilah* (prov. de Constantine), *Hammam-bou-Hallouf*, 40° ; eaux reçues dans un grand bassin de construction romaine :

Dans le bordj *El-Melh'*, à 16 kil. O. de *Kabès*, à l'E. du Sahara de la province de Constantine, *Hammam-Matmata*, 47° C.

Dans la tribu des Ouled-Daoud (prov. de Constantine), *Hammam-el-Garsa*, 32° ; les uns le disent gazeux, les autres, sulfureux ; à vérifier ;

Sur le territoire des Tménia (prov. de Constantine), *Hammam-Grousi*, 35° ;

Dans le cercle de Bordj bou Arréridj (prov. de Constantine), chez les Ouennougha, *Hammam mta el Biben*, 70° C.

Tels sont, très-honoré confrère, les renseignements qu'il est possible de vous offrir sur les eaux minérales de l'Algérie. Tout incomplets qu'ils paraissent, ils suffiront sans doute à mériter votre attention sur les grandes ressources que l'hydrologie de la colonie présente à sa population civile et militaire.

D'ailleurs, les désiderata nombreux qui fourmillent dans cet exposé, vous engageront peut-être à solliciter de Son Exc. le ministre de l'Algérie que l'analyse des autres stations soit encouragée. Ce serait une bonne occasion pour demander à nos dévoués confrères de la colonie, des documents exacts

sur l'altitude et le climat des bassins hydro-
minéraux de leurs circonscriptions, sur le
degré d'altération des eaux transportées à des
distances plus ou moins éloignées des sources. Ces renseignements seraient de la plus
haute utilité, car je me plais à croire, très-
honoré confrère, que vous partagez com-
plétement cette idée, qu'au lieu de con-
seiller les eaux minérales *in extremis* comme
on ne le fait que trop souvent, alors que l'hygiène et la polypharmacie ont épuisé tous
leurs efforts, il serait bien plus rationnel et
plus avantageux de prescrire l'envoi aux
sources comme moyen préservatif et préventif des désordres graves de toute maladie.
Le poitrinaire, par exemple, que, soit par une
amère dérision, soit par une douloureuse
impuissance, on se décide habituellement à
diriger sur une station minérale comme dernière et douteuse planche de salut, ne se
serait-il pas mieux trouvé d'y avoir été amené
dès les premiers temps où le mal a résisté
à quelques essais de traitement rationnel?
Prises à temps et à une époque précoce, si
je puis dire, ces eaux auraient fourni à l'organisme des forces suffisantes de réaction,
et, dans bien des cas, modifié certaines diathèses assez puissamment, pour empêcher
ces localisations qui ne sont si souvent mor-
telles que parce que le remède approprié
ou suffisamment énergique vient trop tard.

A ce point de vue surtout, très-honoré

confrère, la question des eaux minérales de l'Algérie mérite une attention toute spéciale, car la population immigrante n'est que trop souvent éprouvée par un acclimatement difficile, par les travaux de la culture, du défrichement, etc. L'utilisation immédiate des puissantes et nombreuses ressources hydrominérales parsemées dans les trois provinces, préviendrait à coup sûr une altération plus profonde de la constitution et le développement des affections chroniques des principaux viscères. Favoriser à ces courageux pionniers de la colonisation l'accès des eaux minérales *sur place,* serait donc tout simplement acquitter une dette d'encouragement et de sollicitude humanitaire.

L'application de ces principes ne serait pas aussi difficile qu'elle le paraît. Les communes, médicalement et commercialement intéressées au succès des eaux minérales placées sur leur territoire, concourraient pour une bonne part aux frais d'établissements convenables, d'appareils balnéaires suffisants. En retour de ces sacrifices faits par les budgets locaux, les municipalités auraient le droit fort légitime de tarifier *officiellement* le prix des bains, de façon à prévenir ces déplorables exemples d'inhumaine rapacité, de honteux trafic, avec lesquels on exploite, dans la plupart des thermes Européens, les malheureux souffreteux qui viennent y chercher sinon la guérison, du moins les consolations de l'espérance et de l'illusion. C'est dire assez nettement, très-honoré confrère, que le gouvernement pourrait fort bien adopter en Algérie l'excellent principe de l'administration des eaux minérales par régie et repousser énergiquement les fermages qui ont la trop constante habitude d'exploiter plus les malades que les sources, ou, pour mieux dire, les premiers à l'aide des dernières.

§ IIe. BAINS DE MER.

Le littoral de nos possessions algériennes a *mille* kilomètres d'étendue, occupés par *quinze* localités assez importantes; savoir :

4 dans la province d'Alger (Cherchell, Dellys, Alger, Ténez) ;

6 dans la province de Constantine (Bougie, Djidjelli, Kollo, Philippeville, Bône, La Calle.) ;

5 dans la province d'Oran (Arzew, Mostaghanem, Oran, Mers-el-Kebir, Djemma-Ghazaouat).

Eh bien ! ce littoral bordé d'admirables paysages, de gracieuses découpures, de charmantes vallées, moucheté çà et là de coquettes et blanches villas et de larges bandes d'une luxuriante végétation, ce littoral où *quinze* villes ont abrité leur nid au sein des brises tempérantes contre les haleines brûlantes du sirocco, est dépourvu d'établissements consacrés au bains de mer! Pourquoi donc la Méditerranée serait-elle déshéritée des hommages que chaque année tant de baigneurs et de malades s'empressent de rendre aux propriétés bienfaisantes de l'Océan? Que de souffreteux civils et militaires pourraient cependant, sans quitter la colonie et sans rompre avec un acclimatement si souvent péniblement obtenu, trouver sur le littoral algérien les secours thérapeutiques qu'ils vont à grands frais demander aux thermes de France?

Étant à Cherchell, Bou-Ismaël et Alger, j'avais commencé quelques études sur l'emploi médical des eaux méditerranéennes. Un assez grand nombre de malades auxquels je les avais conseillées s'en sont parfaitement trouvés. Toutefois la Méditerranée a sur l'organisme une action tout autre que celle de l'Océan, et on arriverait à de cruels mécomptes si l'on voulait faire à l'une les applications sanctionnées pour l'autre. Je vous demanderai donc la permission, très-honoré confrère, d'extraire de mes notes les faits que j'ai glanés sur cette intéressante question qui, sauf erreur, n'a pas encore été médicalement traitée en Algérie.

On est tout d'abord frappé de la *couleur* bleu foncé de la Méditerranée, surtout sur les bords du littoral : ce n'est plus cet aspect blanc verdâtre de l'Océan.

Bien que n'ayant pas de marées, elle est

plus ou moins houleuse, mais généralement assez calme, surtout en été. Les Arabes la comparent alors à de l'huile, *Kif ez zit*; condition importante pour les malades qui, contrairement à ce qui se passe souvent sur nos côtes de France, peuvent toujours se baigner en Algérie, pendant la belle saison.

Examinée dans le port d'Alger, la mer a une forte *odeur*, phénomène du reste tout à fait local et dû en partie au grand nombre de détritus de toute nature dont elle est chargée dans cet enclos. A Cherchell où le port est très-petit, à Philippeville, à Bougie, à Dellys, à Bou-Ismaël, je n'ai jamais trouvé l'eau aussi odorante.

C'est à la même cause que je crois devoir rapporter la grande *phosphorescence* de l'eau du port d'Alger. Agitée dans un vase fermé, elle laisse dégager de nombreuses lueurs. Si le soir vous suivez des yeux les barques des promeneurs, vous voyez des sillons lumineux, des traînées argentées naître du choc de l'eau par les rames. Nous reviendrons plus loin sur quelques effets pathologiques de cette masse de détritus organiques.

La Méditerranée a une *saveur* très-amère ce qui tient évidemment à la grande quantité de sels magnésiens qu'elle contient : ainsi on y trouve 13 gr. 27 de sulfate, chlorure et carbonate de magnésie tandis que l'Océan n'en renferme que 9, 28. Cependant l'eau prise à quelque distance du littoral a plus de limpidité et un goût bien moins prononcé.

D'après Marsigli, l'Océan a une *densité* de 1,028, et la Méditerranée de 1,032. Cette dernière, en effet, évapore plus que l'autre et contiendrait moins d'acide carbonique.

Quand on se plonge dans la Méditerranée, on n'éprouve pas cette sensation pénible de froid qui caractérise le contact de l'Océan.

La *température* de la première est plus élevée de 3 degrés au moins. M. Viel a constaté que, pendant trois mois d'été, l'Océan a une température moyenne de 16^0 et la Méditerranée de 22^0 C [1]. Un savant professeur de physique, M. Aimé a fait à cet égard des recherches comparatives sur la thermalité de l'air et celle du liquide marin [2]: il en résulte qu'à Alger en hiver l'air a une température moyenne de 12^04, et la mer de 14^04.

Au printemps l'air 16^0 3, la mer 15^0 5.
En été — 23^0 — 22^0 2.
En automne — 20^0 — 20^0 6.

Tous ces chiffres ont une éloquente valeur : ils expriment qu'en hiver la Méditerranée

[1] *Des bains de mer à Cette*. 1847.
[2] *Annales de Chimie et de Physique*, 1845, t. XV, page 5.

a la température assignée aux bains *froids*,
au printemps celle du bain *frais*, en été
celle du bain *tiède*, en automne celle du
bain *presque tiède*. — D'autre part, l'absence
du froid si dépressif de l'Océan permettra
aux constitutions délicates de supporter
parfaitement, *même pendant l'automne*, les
eaux méditerranéennes dont la température
plus élevée favorise évidemment l'absorp-
tion des éléments salins. La peau n'y subit
pas ce spasme périphérique, cette contrac-
tion douloureuse, cette anesthésie, ni cette
vivacité de réaction qu'elle éprouve sur le
littoral de France. C'est fort heureux, du
reste, très-honoré confrère, car dans un
climat chaud une forte réaction ne pourrait
que contribuer à l'affaiblissement général.
Il résulte de cet avantage la possibilité do
prolonger la durée des bains, et de les faire
prendre aux personnes que l'on éloigne
ordinairement des bains plus froids dans la
crainte d'une congestion cérébrale ou pulmonaire, ainsi qu'aux enfants, même de très-
bas âge. Sur un assez grand nombre de
malades ou de personnes bien portantes, je
n'ai jamais constaté en Algérie d'accidents
encéphaliques, ni vertiges, ni hémoptysie
déterminés par le bain de mer : c'est à
peine s'il détermine en général quelque rou-
geur à la peau et une légère accélération
du pouls.

La température de la mer m'a paru atteindre son maximum de 11 h. à midi.

Dans le degré de thermalité qu'accuse le liquide marin qui baigne la côte algérienne, il faut bien tenir compte de deux circonstances : d'une part le moment de la journée où l'on expérimente; ainsi le matin et le soir, ce degré est très-rapproché de celui de la température de l'air ambiant, mais vers midi il lui est inférieur; — D'un autre côté, l'état du rivage, car il influe beaucoup sur la température de l'eau : ainsi j'ai souvent constaté à Alger et à Cherchell dans des baies assez profondes et bien entourées de rochers élevés qui reflétaient la chaleur solaire à la surface de la mer, que cette dernière avait toujours de 0°5 à 1°5 de température plus élevée que l'eau des plages voisines, mais entièrement découvertes. Ces résultats sont analogues à ceux qu'a obtenus M. Aimé dans le port d'Alger : en avril, il trouva que la mer avait 19° au fond du port, 17° 7 au milieu du port et 16° 9 au bout de la jetée.

La *composition chimique* de l'eau de la Méditerranée est importante à connaître au point de vue médical : examinons-la comparativement avec celle de l'Océan.

Dans la Manche, M M. *Mialhe* et *Figuier* ont trouvé :

Chlorure de sodium	25,704
— de magnésium	2,905
— de potassium	»
Sulfate de magnésie	2,462
— de chaux	1,210
Brômure de sodium	0,103
Oxyde ferrique	»
Carbonate de chaux	»
Total...	32,657

On y a découvert en outre

Iode
Manganèse
Ammoniaque   } traces
Matière grasse et phosphorescente

M. *Usiglio* a trouvé dans la Méditerranée[1] :

Chlorure de sodium	30,182
— de magnésium	3,302
— de potassium	0,518
Sulfate de magnésie	2,541
— de chaux	1,392
Brômure de sodium	0,570
Oxyde ferrique	0,003
Carbonate de chaux	0,118
Total.....	38,625

Argent   (*M. Malaguti*).
Plomb   } (*MM. Durocher* et
Cuivre }   *Sarzeau.*)

MM. *Pelouze* et *Reiset* ont conclu (1839) de nombreux essais, que sur 1000 parties d'eau, l'Océan en avait de 18 à 19 de chlo-

[1] *Annales de Chimie et de Physique*, 3ᵉ série, t, XXVII, p. 104.

rures, et la Méditerranée à Toulon et Alger
de 20 à 21.

Quoi qu'il en soit de ces divergences de
chiffres, nul n'est besoin, très-honoré confrère, d'insister sur l'heureuse influence
thérapeutique de la riche chloruration des
eaux méditerranéennes. Cette supériorité
saline (de 2 à 6 grammes suivant les observateurs). jointe à la thermalité plus grande
des eaux et à la température plus uniforme
du littoral, suffit certainement pour expliquer les bons résultats que j'obtenais toutes
les fois qu'il s'est agi d'accroître la nutrition,
l'énergie musculaire, de modifier un lym-
phatisme exagéré, de combattre la faiblesse
des convalescents, surtout chez les enfants
scrofuleux ou tourmentés par les vers intestinaux ou affectés du carreau, — chez les
jeunes filles lymphatiques. chlorotiques, ané-
miques, chez lesquelles l'apparition mens-
truelle était tardive, — chez les adultes
hypocondriaques épuisés par des affections
vénériennes multipliées ou rebelles, — chez
les femmes hystériques ou atteintes de
gastralgie avec constipation opiniâtre, de
métrorrhagies passives, de flueurs blanches,
— chez les individus tourmentés par l'en-
téralgie, les hémorrhoïdes, des fièvres intermittentes anciennes et leurs engorgements
consécutifs des viscères abdominaux, ou
bien disposés au catarrhe pulmonaire par
une sensibilité extrême de la peau ou de la

muqueuse bronchique. J'ai également vu
guérir par le bain de mer des ulcères chroniques aux jambes ; l'action de l'immersion
était continuée à domicile par des compresses
imbibées du liquide marin.

Mais là où est le triomphe de ces eaux,
c'est dans la cachexie paludéenne, dans le
rhumatisme fixe (ici le bain marin réveille
bien moins les douleurs que l'eau de l'Océan)
et dans la phthisie, notamment la phthisie
catarrhale.

J'ai déjà insisté, très-honoré confrère, sur
la facilité avec laquelle les sujets faibles et
nerveux supportent l'eau marine du littoral
algérien. Toutefois les personnes à peau
fine et délicate sont disposées à lui repro-
cher un assez grave inconvénient. En effet,
aux environs des villes importantes, dans
les ports qui avoisinent des lieux habités,
l'eau de mer est très-chargée d'une matière
grasse, onctueuse, dont le contact un peu
prolongé occasionne une sorte d'éruption
miliaire, d'urticaire fugace, des ampoules
sur les membres, au cou, et conserve assez
longtemps à la peau l'odeur marine. A Alger
notamment ces accidents sont fréquents : à
Cherchell et à Bou-Ismaël, je ne les ai jamais
observés.

Je n'ai rien de particulier à dire sur les
divers moyens d'employer cette eau de mer :
lotions, injections (dans l'utérus contre les
engorgements et les flueurs blanches), bois-

son (eau de mer filtrée puis mêlée à du lait; on pourrait encore la charger d'acide carbonique), cataplasmes de sable, de boue marine, réussissent parfaitement sur les tumeurs glandulaires. Dans le sud, j'ai souvent vu les Arabes se servir contre les douleurs rhumatismales de bains de sable; or ce dernier, dans les contrées sahariennes, est très-riche en sels de soude et de magnésie; n'y a-t-il pas là un rapprochement et une imitation rationnels?

Mais ne trouvez pas mauvais que j'insiste de nouveau sur la grande efficacité des bains méditerranéens comme moyen préventif des affections de poitrine et comme moyen curatif de certaines phthisies. C'est là un sujet qui vous intéresse doublement, très-honoré confrère, puisqu'il rentre dans le cadre de la question qui a motivé votre mission officielle. Vous répugnerait-il d'admettre que dans les maladies graves du poumon, l'air marin joue un grand rôle, d'une haute et favorable puissance modificatrice, souvent même curative? Chargé de particules salines assez abondantes qui se trahissent par le dépôt sur les lèvres, cet air n'agit-il pas sur la trame du tissu pulmonaire en vertu d'un phénomène endosmotique, physico-chimique, ayant pour éléments deux substances hétérogènes en présence, le sang et le mucus, imprégnés de molécules salines, tous deux de densité différente,— et pour théâtre une cloison richement vascularisée, la muqueuse? N'est-ce pas ainsi que cet air marin détruit le catarrhe si souvent avant-coureur et provocateur du tubercule? N'est-ce pas ainsi qu'il modifie la sécrétion de l'ulcère tuberculeux du poumon, au point de rendre les crachats de plus en plus rares, de moins en moins épais et colorés, pendant que, simultanément, le bain de mer concourt à modifier les fonctions sécrétoires et l'hématose, à relever les forces destinées à lutter efficacement contre la diathèse?— D'ailleurs, cet air du littoral est assez chargé d'humidité pour que les phtisiques nerveux, dont la muqueuse pulmonaire est fort susceptible, s'en accommodent parfaitement.

C'est ainsi que *Laennec* proclamait l'air de la mer très-salutaire aux phthisiques, n'ayant presque jamais rencontré, disait-il, de tuberculeux sur les côtes de la basse Bretagne.

C'est précisément cette influence salutaire de l'atmosphère maritime des plages algériennes, en faveur de laquelle je réclame une bonne part dans l'action bienfaisante que quelques enthousiastes attribuent *exclusivement* au climat météorologique d'Alger sur les maladies de poitrine. Point essentiel sur lequel votre enquête officielle, très-honoré confrère, n'aura pas manqué de rétablir la vérité et de dissiper tous les doutes.

Je m'estimerai très-heureux si ces quelques lignes ont la faveur d'attirer votre attention et celle de S. Exc. le Ministre des Colonies sur les ressources hydro-minérales de l'Algérie et, en vous remerciant à l'avance du bienveillant accueil dont vous les avez honorées, je vous prie, Monsieur et très-honoré confrère, d'agréer l'expresssion de mes sentiments les plus distingués.

Dr E. L. BERTHERAND.